BEI GRIN MACHT SICH IHR WISSEN BEZAHLT

- Wir veröffentlichen Ihre Hausarbeit,
  Bachelor- und Masterarbeit

- Ihr eigenes eBook und Buch -
  weltweit in allen wichtigen Shops

- Verdienen Sie an jedem Verkauf

Jetzt bei www.GRIN.com hochladen
und kostenlos publizieren

Dimitri Falk

Degradation und Desertifikation

GRIN Verlag

Dieses Buch bei GRIN:

http://www.grin.com/de/e-book/269563/degradation-und-desertifikation

RWTH Aachen   23.11.2009

Geographisches Institut

Proseminar Angewandte Geographie D

Wintersemester 2009/10

Hausarbeit

Degradation und Desertifikation

Dimitri Falk

Dimitri Falk

1. Semester

Studienfach: B.Sc. Angewandte Geographie

Inhaltsverzeichnis

1 Einleitung

Bereits im Jahre 1972 wurde der Bodenschutz als überregionales politisches Ziel in der Europäischen Bodencharta festgehalten und der Boden als kostbares, begrenzt vorhandenes und leicht zerstörbares Gut klassifiziert (Kuntze 1994:357). Bedingt durch die Auswirkungen der Dürre im Sahel 1968-1973 wurde der Begriff der Desertifikation im Rahmen von nachfolgenden UN-Umweltkonferenzen 1977 in Nairobi und 1992 in Rio der Janeiro weltweit bekannt und diskutiert (Strahler/Strahler 2005:611). Die stetig wachsende Weltbevölkerung stellt zunehmende Ansprüche an den Boden, da die landwirtschaftliche Nutzfläche zur Gewährleistung der Ernährung nicht proportional zum Bevölkerungswachstum größer wird (Mensching/Seuffert 2001:6). Daraus ergibt sich mit der Zeit eine zunehmend intensivere Nutzung des Bodens, sodass eine Regeneration und somit eine nachhaltige Nutzung für künftige Generationen immer problematischer wird. In Anbetracht der UN-Milleniumsziele zählt die Desertifikation ebenfalls zu den „größten Umwelt- und Entwicklungsproblemen des 21. Jahrhunderts" (Opp 2004:49), auch wenn sich die Problematik größtenteils dem Bewusstsein der Öffentlichkeit entzieht.

Den Einstieg in das Thema stellt eine Abhandlung über den Begriff Desertifikation dar, da auf Grund der uneinheitlichen Definition die Tragweite nicht eindeutig zu erfassen ist. Dadurch kommt es zu Schwierigkeiten, die ebenfalls thematisiert werden. Darauf basierend wird anhand einer Definition das Ausmaß der Desertifikation quantitativ beleuchtet, indem desertifikationsgefährdete Gebiete aufgezeigt werden. Anschließend werden anhand der Sahelzone Ursachen für das Desertifikationsgeschehen detailliert betrachtet. Aufbauend auf den daraus resultierenden sozioökonomischen und ökologischen Folgen wird auf Maßnahmen zur Bekämpfung der Desertifikation anhand aktueller Projekte eingegangen, die abschließend bewertet werden.
Ziel der Arbeit ist es die Zusammenhänge rund um das Thema Desertifikation herauszuarbeiten und einen strukturierten Einblick in das komplexe Ursache-Wirkungs-Gefüge zu erlangen.

2 Abgrenzung des Begriffs Desertifikation

In der Fachwelt gibt es uneinheitliche Definitionen des Begriffs Desertifikation. Außerdem haben die Massenmedien zu den irrtümlichen Vorstellungen von den Zusammenhängen, die die Desertifikation bedingen, beigetragen. Daher ist es zu Beginn nötig den Begriff Desertifikation abzugrenzen und inhaltlich auszufüllen (Mensching/Seuffert 2001:8).

Als Desertion wird die natürliche Wüstenbildung ohne anthropogene Eingriffe bezeichnet (Seuffert 2001:93) und ist nicht mit der Desertifikation zu verwechseln. Im Rahmen der Agenda 21 wurde auf der UNCCD-Konferenz in Rio de Janeiro 1992 folgende Definition für die Desertifikation festgelegt, die folgerichtig den anthropogenen Eingriff in den Desertifikationsprozess berücksichtigt: „desertification is land-degradation in arid, semi-arid and dry subhumid areas resulting from various factors, including climate variations and human activities" (Mensching 1994:272).

Anzumerken ist an dieser Stelle, dass die Landschaftsdegradation – „die negative Veränderung ökologischer und/oder ökonomischer Potenziale von Räumen, die nach Größe und Charakter als Landschaften gelten" (Seuffert 2001:9) - mit den klimatischen Bedingungen von Gebieten gekoppelt sein muss. Landschaftsdegradation kann zwar weltweit wirksam sein, muss jedoch nicht überall zu wüstenhaften Bedingungen führen (Mensching/Seuffert 2001:7). Landschaftsdegradation und Desertifikation können also somit nicht gleichgesetzt werden.

Ein ebenfalls von Mensching und Seuffert (2001:8) kritisierter Punkt der UN-Definition ist die Tatsache, dass nicht jede Landschaftsdegradation in den Trockengebieten auch wirklich zu einer realen Ausbreitung von Wüsten und somit zur „man made desert" (Seuffert 2001:91) führt, da die Degradationsintensität mitberücksichtigt werden muss, was zu folgender Definition führte:

> *Endstufe von „Landschaftsdegradation", die durch unangepasste, vor allem landwirtschaftliche Nutzung (Viehzucht, Ackerbau) lokal (kleinräumig), regional (großräumig) und langfristig möglicherweise sogar zonal wüstenartige Umweltbedingungen in Landschaften entstehen lässt, die vordem keine Wüsten waren.* (Mensching/Seufert 2001: 9).

Als wesentliche Kennzeichen lassen sich somit die Degradation von Boden und Vegetation sowie die Beeinträchtigung des Wasserhaushaltes als anthropogen gesteuerter Prozess festhalten. Dies führt letztendlich zu wüstenhaften Bedingungen in Erdräumen, in denen auf Grund ihrer klimazonalen Lage keine Wüste sein dürfte (Gebhardt et al. 2007:983). Eine eindeutige Definition ist nicht nur deshalb von zentralem Belang, weil sich die geographische Verbreitung nur durch einheitliche Kriterien ermitteln lässt, sondern auch, weil sich ansonsten Forderungen nach Bekämpfungsmaßnahmen der Desertifikation im Rahmen der Entwicklungshilfe beliebig unterlaufen bzw. stellen lassen (Seuffert 2001:99).

3 Geographische Verbreitung der Desertifikation

Desertifikationserscheinungen treten der UN-Definition nach in Regionen auf, die durch arides, semi-arides und trocken subhumides Klima geprägt sind. Diese Regionen umfassen in etwa 40 Prozent der Landmasse der Erde, von denen rund 70 Prozent mit einer Gesamtfläche von 3,6 Milliarden Hektar von Desertifikationserscheinungen betroffen oder bedroht sind (Gebhardt et al. 2007:983).

Das US-Landwirtschaftsministerium veröffentlichte im Jahre 1999 die „Risk of Human-Induced Desertification Map" (USDA 1999) – eine Weltkarte im Maßstab 1:5.000.000, auf der gefährdete Gebiete durch anthropogen verursachte Desertifikation dargestellt werden. Die Skalierung unterscheidet zwischen gering gefährdeten (grün), mäßig gefährdeten (gelb), gefährdeten (orange) und stark gefährdeten (rot) Gebieten und basiert dabei auf Daten der Bodentypen, des Klimas und der Bevölkerungsdichte. So wird in Abb. 1 ersichtlich, dass die stark gefährdeten Gebiete vor allem in Afrika in der Übergangszone zwischen Sahara und Savanne (Sahelzone), im Kaukasus, im Nahen Osten, in Zentralasien und in Indien liegen. Aber auch Brasilien, die Anden, der Westen der USA und Mexikos, der Süden Afrikas und Australien sind gefährdet.

Abb. 1: Risk of Human-Induced Desertification Map (USDA 1999).

Generell muss festgehalten werden, dass die Desertifikation nicht auf breiter Front fortschreitet, sondern vielmehr lokal dort verbreitet ist, wo aus unterschiedlichen Gründen saisonal oder ganzjährig eine überdurchschnittliche hohe Bevölkerungsdichte auftritt und sich durch die unangemessene Landnutzungsintensität Fehl- und Übernutzungen des Bodens ergeben (Krings 2006:70). Ringförmige Zonen um ganzjährig nutzbare Wasservorkommen und Siedlungen sind ebenfalls stark desertifikationsgefährdet, da durch die ansässigen Bauern und Tierhalter eine Nutzungskonkurrenz um Acker- und Weideland sowie Wälder besteht (Krings 2006:71).

Es handelt sich bei „Desertifikationsprozessen um hoch komplexe Ursache-Wirkungs-korrelationen […], die sich von Fall zu Fall und von Region zu Region auf die jeweils wirksamen Faktoren und Mechanismen unterscheiden" (Gebhardt et al. 2007:984). Um die Tragweite des Desertifikationsprozesses jedoch anhand eines Bezugspunktes beleuchten zu können, wird im folgenden Verlauf der Arbeit explizit auf die Sahelzone eingegangen, die bereits als Synonym für das Desertifikationsgeschehen gilt (Krings 2006:68).

4 Ursachen der Desertifikation

Die aus verschiedenen Gründen unangepasste Landnutzung der Bevölkerung kann unter Berücksichtigung der klimatischen Randbedingungen als anthropogene Wurzel für den Desertifikationsprozess betrachtet werden (Gebhardt et al. 2007:984), der sich fortlaufend durch die Degradation der jeweiligen Ökosysteme selbst verstärkt (Krings 2006:69). So kommt es zum Beispiel durch die Degradation der Biosphäre zu einer Freilegung der Böden, sodass ein Aridifizierungseffekt ausgelöst wird, der die Verdunstung an der Bodenoberfläche (Evaporation) und den von der Erdoberfläche reflektierter Anteil der einfallenden Strahlung (Albedo) erhöht (Krings 2006:69). Als Folge trocknet der Boden schneller aus und es kommt zur Verhärtung der Bodenoberfläche, sodass die Infiltration von Niederschlag verhindert wird, was wiederum zu einer Degradation der Hydrosphäre und einer Abtragung des Bodens durch Oberflächenabfluss führt (Mensching 1993:361). Somit kommt es durch den unangepassten Eingriff des Menschen in die Biosphäre zu Degradationserscheinungen der anderen eng miteinander verknüpften Ökosysteme, sodass eine allgemeine Regeneration zunehmend schwieriger wird und ein Selbstverstärkungseffekt eintritt. Zudem ist es durch die enge Verknüpfung der Ökosysteme oftmals nicht trivial, welche Ursachen eine entscheidende Rolle im regionalen Desertifikationsgeschehen spielen.

4.1 Klimatische Randbedingungen

Nach Mensching und Seuffert (2001:8) kann es ohne die naturgegebene Prädisposition der ariden und semi-ariden Gebiete, die dadurch gekennzeichnet sind, dass die mittlere jährliche potentielle Verdunstung den mittleren jährlichen Niederschlag übersteigt, kein Desertifikationsgeschehen geben.

Die bis zu 60 Prozent hohe Niederschlagsvariabilität in den tropischen Savannenregionen kann zu Jahren schwerwiegender Dürre und zu Jahren relativ hoher Regenfälle führen (Winckler 1980:10), was beides hinderlich für die landwirtschaftliche Nutzung des Bodens ist. Die Dürre ist definiert als ein unterdurchschnittliches Ausfallen des Niederschlags über einen längeren Zeitraum (Strahler/Strahler 2005:610). Unter trockenklimatischen Bedingungen ist die Regenerationsfähigkeit der Vegetation umso stärker eingeschränkt, je mehr der Niederschlag variiert. Solche Extremphasen im regionalen Umfeld fördern somit die Vegetationsvernichtung und führen zu einer Aridifizierung des Klimas der bodennahem Luftschicht, was den Desertifikationsprozess verstärkt. (Mensching/Seuffert 2001:9). Neuen Erkenntnissen nach waren über 50 Prozent der defizitären Niederschläge in den 1970-1990er Jahren nicht lokal gesteuert, sondern durch „Rückkopplungsmechanismen zwischen den Ozeantemperaturen und den Niederschlagsmengen" (Anhuf 2009:32) bedingt. Es entbindet die Verantwortlichen jedoch nicht von der Pflicht für eine nachhaltige Entwicklung zu sorgen, bei der klimatische Randbedingungen eine möglichst geringe Auswirkung auf den Prozess der Degradation jeweiliger Ökosysteme haben. Aktuelle globale Herausforderungen wie der Klimawandel lassen eine Akzentuierung des Desertifikationsgeschehens für die Zukunft erwarten (Gebhardt et al. 2007:983). Zwischen 1906 und 2006 gab es einen Anstieg der Jahresdurchschnittstemperatur um 0,7 °C. Nach vorliegenden Schätzungen für das 21. Jahrhundert wird ein Temperaturanstieg von 1,8 – 4,0 °C erwartet (Rauch 2009:212). Dadurch ist mit einer Abnahme der Wasserverfügbarkeit zu rechnen (Sörensen 2009:7). Zudem werden jedes Jahr in den Trockengebieten der Erde 300 Mio. Tonnen des im Boden gespeicherten Kohlenstoffs freigesetzt, wodurch es zu einer Verstärkung des Treibhauseffektes kommt (Sörensen 2009:6).

4.2 Sozioökonomische Randbedingungen

Als grundlegende Ursache für die Desertifikation ist vorrangig ein komplexes Zusammenspiel historischer, soziologischer und ökonomischer Zwänge auszumachen (Mensching/Seuffert 2001:13).

Die große Zunahme der Bevölkerung und der Viehbestände in der Sahelzone (Ditter 2009:17) ist zum Teil auf Maßnahmen der europäischen Verwaltungen in den früheren Kolonien zurückzuführen, indem die Mortalität durch bessere Versorgung gesenkt wurde (Strahler/Strahler 2005:612). Das Aufbrechen der Subsistenzwirtschaft, einer Wirtschaftsform mit dem Ziel der Selbstversorgung, in der Kolonialzeit führte auf Grund von Steuern und der Notwendigkeit des Kaufs von Betriebsmitteln zu einem wachsenden Bedarf an Geldeinkommen in den Familien (Krings 2006:69). Mangelnde administrative Regulierung der Landnutzung und die fehlende Bewusstseinsbildung für die notwendige Bekämpfung der Desertifikation führen zu voranschreitender Degradation (Mensching/Seuffert 2001:13). Der fehlende Zugang der zumeist armen Landbevölkerung zu Kapital, Wissen und Produktionsmitteln für eine intensivere und nachhaltigere Landnutzung stellt ebenfalls ein Problem dar. Als Folge führt die abnehmende Bodenfruchtbarkeit zu geringeren landwirtschaftlichen Erträgen und diese wiederum zu einer verschlechterten Ernährungs- und Einkommenssituation (Rauch 2009:207), sodass die Bevölkerung gezwungen ist die landwirtschaftlichen Flächen in Areale auszuweiten, die für eine nachhaltige Nutzung nicht geeignet sind. Aber auch Regierungen der betroffenen Länder und internationale Agrobusinessfirmen fördern die Erzeugung von Exportkulturen, sogenannten Cash Crops wie Baumwolle und Erdnuss, die meist in Monokulturen angebaut werden und zu einer Belastung der Umwelt führen – jedoch werden Tilgungsleistungen für die Schulden größtenteils durch Exporte landwirtschaftlicher Produktionsgüter geleistet (Krings 2006:69). Die Nachfrage der EU nach regenerativen Rohstoffen auf Grund der beschlossenen Beimischungsquote von Biotreibstoffen stellt ebenfalls einen großen Anreiz zum Anbau von Monokulturen für die Herstellung von Ethanol und Biodiesel dar (Sörensen 2009:5).

4.3 Unangepasste Landnutzung

Den Einstieg in die Desertifikation stellt in der Regel die anthropogene Zerstörung der natürlichen Vegetation dar (Mensching/Seuffert 2001:9), was auf verschiedene Formen der unangepassten Landnutzung zurückzuführen ist. Die zunehmende Agrarerschließung von Gebieten, in denen das ökologische Nutzungspotenzial beschränkt ist und die weit jenseits der agronomischen Trockengrenze liegen, beherbergt ein großes Desertifikationsrisiko. Durch die Einschränkung der natürlichen Regenerationskraft der Vegetation entstehen in Verbindung mit der Überweidung von Restweideflächen und der Abholzung der geringen Baumbestände ausgedehnte verwüstete Flächen (Mensching 1990:42). Durch Pflugarbeit wird zudem die Aggregatstabilität des Bodens gesenkt, wodurch der Boden anfälliger für Erosion wird (Scheffer 2008:445). Landwirtschaftliche Nutzung erfolgt in den gefährdeten Gebieten fast ausschließlich durch künstliche Bewässerung. Hohe Verdunstungsraten, sowie mangelhafte Qualität des

Wassers führen somit zu einer Versalzung des Bodens, wodurch eine übermäßige Bewässerung notwendig wird, um das gelöste Salz aus der Anbaufläche zu entfernen (Eitel 1999:142). Dies wiederum kann dazu führen, dass der Grundwasserspiegel so weit angehoben wird, dass die gelösten Salze aufwärts transportiert werden und somit eine Versalzung des Oberbodens bewirken (Mensching 1990:47). Die Agrarerschließung infolge des Bevölkerungswachstums war nur durch die zusätzliche Anlage von Tiefbrunnen möglich, was jedoch zu einer Absenkung des lokalen Grundwasserspiegels und somit zum versiegen alter Flachbrunnen führte (Eitel 1999:143), wodurch schon genutzte Felder austrockneten.

Die Erschließung größerer Wasservorkommen durch Tiefbrunnenbohrung führte dazu, dass Nomadenstämme ihre Tierbestände in den Jahren 1970 bis 2007 fast verdoppelten (Ditter 2009:17). Eine größere Herde sollte dabei nicht nur als Statussymbol dienen und eine Versicherung für schlechte Jahre darstellen (Mensching 1990:44), sondern auch die stetig steigende Nachfrage nach Fleisch und Milch decken (Ditter 2009:17). Das verfügbare Weideland reicht jedoch meist nicht zur Ernährung der Herde aus, sodass die Regenerationszeit von Weideflächen nicht beachtet wird und Hirse als Futtermittel hinzugekauft werden muss, was sich nur durch den Verkauf von Tierbeständen finanzieren lässt (Ditter 2009:17). Die Desertifikationsgefahr durch Überweidung ist insofern gegeben, da die Tiere die vorhandene Vegetation inklusive Setzlinge vernichten und somit die Regenerationszeit erhöhen (Ditter 2009:17). Zudem wird durch Viehtritt zu einer Gefügelockerung beitragen, die die Erosionsgefahr erhöht (Eitel 1999:142).

Holz gilt in den meisten Entwicklungsländern als wichtigste Energiequelle und bedeutendes Baumaterial. Durch den unkontrollierten Holzeinschlag verwandeln sich die Gebiete in baumlose Graslandschaften, in denen nur noch vereinzelt höhere Holzgewächse vorzufinden sind, da sie langsam wachsen und dementsprechend eine lange Regenerationszeit brauchen (Mensching 1990: 40-41). Andere Energiequellen wie Petroleum oder Gas fehlen zumeist in den ländlichen Regionen oder aber sie sind für die Bevölkerung unerschwinglich (Anhuf 2009:33).

5 Folgen der Desertifikation

Die Folgen der Desertifikation lassen sich am Grad der Degradation der natürlichen Vegetation, den morphologischen Folgen, den chemischen Veränderungen und den hydrologischen Indikatoren beobachten. Eine Bilanz lässt sich jedoch nur durch eine Veränderung der landwirtschaftlichen Erfolge pro Fläche ziehen (Mensching/Seuffert 2001:12). Zwar lassen sich nicht alle ökonomischen, gesellschaftlichen und ökologischen Folgen in den betroffenen Regionen ausschließlich als Folge des Desertifikationsgeschehens einordnen, jedoch wird dadurch eine Initiierung bzw. Forcierung der Probleme herbeigeführt (Mensching 1990:50-51).

5.1 Sozioökonomische Folgen

Laut Krings sind die „Probleme der Bevölkerung [...] wachsende Verarmung, Landflucht, eine steigende Anfälligkeit gegenüber Nahrungskrisen sowie eine zunehmende Häufigkeit von politischen und sozialen Konflikten um knappe Ressourcen" (2006:72). Durch die abnehmende Bodenfruchtbarkeit kommt es zu geringeren landwirtschaftlichen Erträgen, was wiederum zu einer verschlechterten Ernährungs- und Einkommenssituation führt. In Zeiten nicht ausreichender Erträge kann es zu Hungerkatastrophen und dementsprechend einem hohen Krankheitsrisiko kommen, da die externe Versorgung mit Nahrungsmitteln fehlt (Mensching 1993:362). Politische und soziale Konflikte – wie seit 2003 in Darfur - können insofern entstehen, als dass ein Rückgang von Weideland und Anbauflächen zu einer Wanderungsbewegung zwingt und dadurch fremdes Land beansprucht wird (Krings 2006:70). Viele Menschen verlassen daher auf Grund der instabilen Lebenssituation ihre ländliche Heimat und wandern in die Städte ab, in denen sie in der Regel zu einem Leben in den Slums gezwungen sind (Sörensen 2009:7). Weltweit werden die volkswirtschaftlichen Schäden durch die Desertifikation in den betroffenen Regionen auf mehrere Milliarden US-Dollar pro Jahr geschätzt, wodurch eine nachhaltige wirtschaftliche und soziale Entwicklung verhindert wird (Sörensen 2009:7).

5.2 Ökologische Folgen

Laut Mensching und Seuffert wird der „Prozess der Desertifikation [...] letztendlich – jedenfalls in den Trockengebieten der Erde – immer dann eine wüstenartige Umwelt sein, wenn Gegenmaßnahmen fehlen oder diese qualitativ und/oder quantitativ unzureichend sind" (2001:10). Dadurch kommt es zur Verschiebung des floristischen Spektrums der betroffenen Region in Richtung trockenheitsresistenter Pflanzen (Mensching/Seuffert 2001:10) und dementsprechend auch zur Abnahme der Biodiversität (Rauch 2009:210). Durch die Abnahme der Vegetation kommt es zu einer Aridifizierung des Klimas der bodennahen Luftschicht, was zu einer oberflächlichen Verhärtung des Bodens führt und die Infiltrationsfähigkeit für Wasser verringert (Mensching/Seuffert 2001:9). Dies wirkt sich direkt auf die Regenerationszeit der

Vegetation aus. Durch das fehlende Wurzelwerk kann dem Boden kaum mehr Halt gegeben werden und es kommt zur fluvialen Erosion des Bodens und einer verstärkten Deflation (Ditter 2009:17). Durch die hohe kinetische Energie der Wassertropfen, die nun direkt die Bodenteilchen treffen und nicht erst durch die Vegetation gebremst werden, werden Bodenteilchen zerschlagen und abgespült. Mit steigender Hanglänge und –neigung wird der Abtrag ebenfalls auf Grund der erhöhten kinetischen Energie des fließenden Wassers sehr stark erhöht (Kuntze 1994:360-361). Ähnlich bedingt ist auch der Prozess bei der Deflation. Hierbei wird die Windströmung über der Bodenoberfläche durch Reibung gebremst und die kinetische Energie des Windes auf Partikel an der Bodenoberfläche übertragen (Kuntze 1994:362), was zu Verwirbelungen der Partikel führt. Neben der Verminderung der Bodenfruchtbarkeit durch Profilverkürzung (Kuntze 1994:360) kommt es zu typischen Landschaftsformen wie Erosionsrillen und –gräben (Sörensen 2009:4) und zu Erdrutschen, der Verwehung von Siedlungen durch Sandstürme und der Verschlammung von Wasserläufen (Sörensen 2009:7). Weitere ökologische Folgen liegen in der Versalzung des Bodens und Absinken des Grundwasserspiegels durch falsches Wassermanagement, in der Versauerung des Bodens durch Überdüngung und in dem schleichenden Verlust der Bodenfruchtbarkeit in Folge von Übernutzung (Rauch 2009:207).

6 Maßnahmen zur Bekämpfung der Desertifikation

Charakteristisch für den Entwicklungsansatz bis nach der Dürre 1973 im Sahel war eine regionale und autoritäre Planung, bei der durch Industrialisierung und den Ausbau der Infrastruktur eine Erhöhung der Produktion erzielt werden sollte. Die Sahelländer sollten durch massive Modernisierung zu Exporteuren von Nahrungsmitteln werden und somit eine Verbesserung der ökonomischen Lage herbeiführen. Nach den Auswirkungen der Dürre und somit dem Scheitern des vorherigen Ansatzes entschloss man sich jedoch für einen integrierten Entwicklungsansatz, bei dem Maßnahmen stets im Verbund aufeinander abgestimmt und Betroffene aktiv hinzuzogen werden. Im Vordergrund des neuen Ansatzes steht die Verbesserung der Lebensbedingungen der Bevölkerung (Winckler 1981:10). Da die Desertifikation dazu neigt sich selbst auch ohne andauernden Eingriff vonseiten des Menschen allein durch negative Rückkopplung zu verstärken, muss bei diesem Geschehen ein ganzer Maßnahmenkatalog ausgearbeitet werden, da der Kampf gegen einzelne Formen allein nicht ausreichend ist (Mensching/Seuffert 2001:11). So ist Sörensen ebenfalls der Meinung, dass die Desertifikationsbekämpfung in Programme der Armutsbekämpfung, der ländlichen Entwicklung und der Strukturpolitik integriert werden muss (2009:9). Dies ist nötig, damit wirkliche Erfolge nicht nur spärlich und kleinräumig zu verzeichnen sind und die Maßnahmen sich nicht nur auf Symptome beschränken, sondern die Probleme parallel dazu am Ursprung angehen (Mensching/Seuffert 2001:14). Eine Zukunft haben die betroffenen Regionen, nach Mensching und Seuffert, nur dann, wenn die nationale und internationale Politik ihre Unterstützung zusichert, die entwickelten Länder finanzielle und technische Mittel zur Verfügung stellen und die aktiv im primären Sektor arbeitende Bevölkerung die Problematik der Desertifikation nicht nur begreift, sondern auch in der Lage ist dagegen anzugehen (2001:14).

6.1 Sozioökonomische Maßnahmen

In vielen Ländern sind Maßnahmen auf Grund des Bildungsstandes und politischer Systeme nur schwer realisierbar, jedoch darf diese Tatsache nicht als Schicksal hingenommen werden. Vielmehr muss sie Anlass sein parallel dazu den Bildungsstand und das politische Umfeld auf ein Niveau zu bringen, das der Desertifikationsbekämpfung förderlich ist (Mensching/Seuffert 2001:14). Bildung und Information der Bevölkerung stellt somit eine primäre Angelegenheit dar. Mögliche Gegenmaßnahmen auf politischer Ebene wären zum Beispiel eine angemessene Preisgarantie für Grundnahrungsmittel und Cash Crops, die Festlegung maximaler Größen für Viehherden und die Stilllegung von Tiefbrunnen. Zur Absicherung gegen klimatische Extremereignisse würde der Bau von Zisternen zu einer geregelten Wasserversorgung beitragen und Versicherungen gegen Ernteausfall könnten der Bevölkerung das Gefühl der Sicherheit geben, dass sie nicht allein auf sich gestellt ist (Sörensen 2009:6). Durch einen Maßnahmenkatalog könnte auf lange Sicht auch das grundlegende Problem der Bevölkerungsexplosion behoben werden, „wenn die dort lebenden Menschen aus eigener mehrjähriger Erfahrung schöpfen können und darauf vertrauen, dass ihre Zukunft auch ohne eine Vielzahl von Kindern als Sozialversicherungssatz gesichert ist." (Mensching/Seuffert 2001:14). Eine teilweise Entschuldung der betroffenen Länder würde den Druck der Tilgungsleistungen mindern und daher eine Nutzung des Ackerlandes für eigene Bedürfnisse durch Bewirtschaftung mit traditionellen und angepassten Methoden und Produkten fördern (Krings 2006:69).

6.2 Ökologische Maßnahmen

Bei den ökologischen Maßnahmen gilt es besonders darauf zu achten, dass genaue Kenntnisse über die regionale und lokale Ausdehnung der Degradationsprozesse, sowie deren Ursachen vorliegen, da sonst ein effektiver Umsatz der Bekämpfung nicht möglich ist (Mensching

1993:365). Im Zuge des Ressourcenschutzprojekts PATECORE in den Sahelländern, das von der Gesellschaft für Technische Zusammenarbeit und der Kreditanstalt für Wiederaufbau getragen wird, wurden verschiedene „Boden- und Wasserkonservierende Maßnahmen" (Krings 2001:30) herausgearbeitet, deren Erfolg in der relativ einfachen Umsetzung liegt. So werden zum Beispiel Steinreihen entlang der Höhenlinien angelegt, damit die Erosionswirkung verringert und die Infiltration des Wassers in den Boden verbessert wird. Filterdämme hingegen werden quer zur Abflussrichtung in den Wasserläufen angelegt und haben die Funktion die Abflussgeschwindigkeit zu reduzieren und Sedimente in den Staubereichen zu binden, sodass diese nachfolgend für den Ackerbau genutzt werden können (Krings 2001:31). Wichtige ergänzende Elemente zum Erosionsschutz werden in biologischen Maßnahmen gesehen. Zu nennen wären die Bepflanzung von Steinbauwerken mit Bäumen, die Mulchung des Bodens und die Anlage von Vegetationsstreifen als Windschutz (Krings 2001:31). Durch Aufforstung werden primär Windgeschwindigkeiten reduziert, was die äolische Erosion verringert, jedoch verbessert sich dadurch auch der Bodenwasserhaushalt durch geringere Verdunstung (Kuntze 1994:366). Eine weitere Begleitmaßnahme stellt die Integration bewährter traditioneller Anbautechniken dar, bei der die z.B. die Pflanzlöcher das Niederschlagswasser stauen, somit die Wasserverfügbarkeit erhöhen und eine auf jede Getreidepflanze ausgerichtete Düngung erlauben (Krings 2001:31-32). Die Anlage von Kompostgruben sichert zudem die Versorgung der Bauern mit organischem Dünger, wodurch eine Steigerung der Bodenfruchtbarkeit und der Erträge erreicht werden kann (Sörensen 2009:7). Durch eine Erarbeitung von Landnutzungsplänen in Kooperation mit der Bevölkerung sollen regionale Problemzonen identifiziert und vor weiterer Übernutzung geschützt werden (Krings 2001:31).

7 Zusammenfassung

Zusammenfassend lässt sich also festhalten, dass es auf Grund des relativ jungen Begriffs der Desertifikation noch Uneinigkeiten in der Fachwelt bezüglich der Definition gibt, was kein stabiles Fundament für eine Entwicklungszusammenarbeit ist. Als Ursache für die Degradationsprozesse gilt die unangepasste Landnutzung in den Trockengebieten der Erde, bedingt durch sozioökonomische Zwänge und Umstände der Bevölkerung in der jeweiligen Region. Dadurch geraten die Menschen in einen Teufelskreis aus Armut und Umwelt-zerstörung, der verheerende ökologische, ökonomische und gesellschaftliche Folgen nach sich zieht und nur durch externe Maßnahmen durchbrochen werden kann. Für eine effektive Bekämpfung der Desertifikation muss also gewährleistet werden, dass nicht nur ökologische Anzeichen beseitigt werden, sondern dass ein Gesamtkonzept vorliegt, in dem gleichzeitig durch Maßnahmen auf mehreren Ebenen ein Lebensstandard geschaffen wird, der als stabil bezeichnet werden kann.

Durch den integrierten Entwicklungsansatz führen Maßnahmen zur Bekämpfung der Desertifikation zwar durchaus zu Erfolgen auf lokaler Ebene, jedoch bedarf es weiterer Geld- und Betriebsmittel und einer verstärkten Einflussnahme der internationalen Politik, um aufgetretene Probleme vor dem Hintergrund des Bevölkerungswachstums und dem stetig steigenden Druck auf Bevölkerung und Umwelt im Sinne einer nachhaltigen Entwicklung lösen zu können.

Literaturverzeichnis

Anhuf, D. (2009): Die Sahelzone im Spannungsfeld zwischen Desertifikation und Klimawandel. In: Praxis Geographie 39(6), 32-33.

Ditter, R. (2009): Ursachen und Folgen der Desertifikation – Das Beispiel Mali. In: Praxis Geographie 39(6), 14-17.

Eitel, B. (1999): Bodengeographie. Braunschweig: westermann.

Gebhardt, H./Glaser, R./Radtke, U./Reuber P. (2007): Geographie – Physische Geographie und Humangeographie. München: Elsevier.

Krings, T. (2001): Erfolge und Probleme in der Desertifikationsbekämpfung – 30 Jahre Entwicklungszusammenarbeit im westafrikanischen Sahel-Sudan. In: Petermanns Geographische Mitteilungen 145(4), 28-35.

Krings, T. (2006): Sahelländer. Darmstadt: WBG.

Kuntze, H./Roeschmann, G./Schwerdtfeger, G. (1994[5]): Bodenkunde. Stuttgart: Ulmer.

Mensching, H. G. (1990): Desertifikation – Ein weltweites Problem der ökologischen Verwüstung in den Trockengebieten der Erde. Darmstadt: WBG.

Mensching, H.G. (1993): Die globale Desertifikation als Umweltproblem. In: Geographische Rundschau 45(6), 360-365.

Mensching, H. G. (1994): Desertifikation. Theoretische Grundlagen – Untersuchungsmethoden – Bekämpfungsmöglichkeiten, dargestellt an Beispielen aus Patagonien. In: Marburger Geographische Gesellschaft e.V. (Hrsg.) (1995): Jahrbuch 1994 – mit einem Jahresbericht des Fachbereichs Geographie. Marburg/Lahn: Selbstverlag Marburger Geographische Gesellschaft e.V., 272-273.

Mensching, H.G./Seuffert, O. (2001): (Landschafts-)Degradation – Desertifikation: Erscheinungsformen, Entwicklung und Bekämpfung eines globalen Umweltsyndroms. In: Petermanns Geographische Mitteilungen 145(4), 6-15.

Opp, C. (2004): Desertifikation in Usbekistan. Ursachen, Wirkung und Verbreitung. In: Geographische Rundschau 56(10), 44-51.

Rauch, T. (2009): Entwicklungspolitik. Braunschweig: westermann.

Scheffer, F./Schachtschabel, P. (2008[15]): Lehrbuch der Bodenkunde. Heidelberg: Spektrum.

Seuffert, O. (2001): Landschafts(zer)störung: Ursachen, Prozesse, Produkte, Definitionen und Perspektiven. In: Geoöko(dynamik) 22(2), 91-102.

Sörensen, L. (2009): Desertifikation – eine globale Herausforderung. In: Praxis Geographie 39(6), 4-9.

Strahler, A./Strahler, A. (2005[3]): Physische Geographie. Hohenheim: Umler.

United States Department of Agriculture (USDA) (1999): Risk of Human-Induced Desertification Map. <http://soils.usda.gov/use/worldsoils/mapindex/dsrtrisk.html> abgerufen am 22.11.2009.

Winckler, G. (1980): Das Deutsche Sahel-Programm – ein neuer Weg der entwicklungspolitischen Zusammenarbeit mit den Sahelstaaten. In: Bundesministerium für wirtschaftliche Zusammenarbeit (Hrsg.) (1981): Leben am Rande der Sahara – Eine Herausforderung an die Entwicklungspolitik. Köln: Greven & Bechtold, 8-19.